科学のアルバム
かがやくいのち

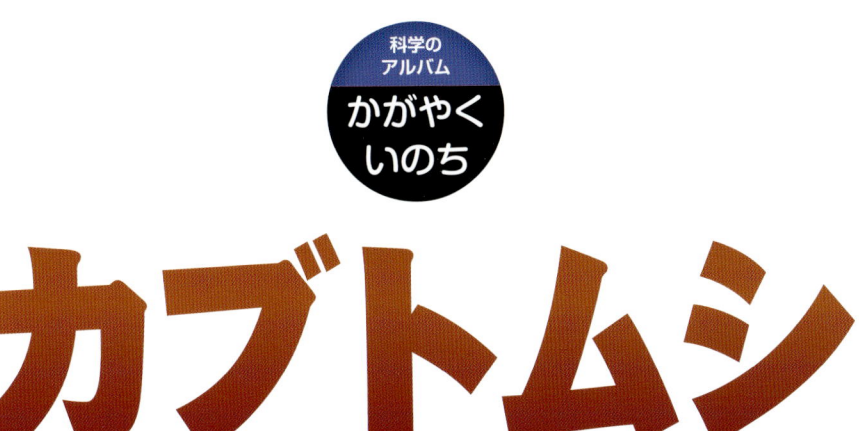

# カブトムシ

## 昆虫と雑木林

海野和男

監修／岡島秀治

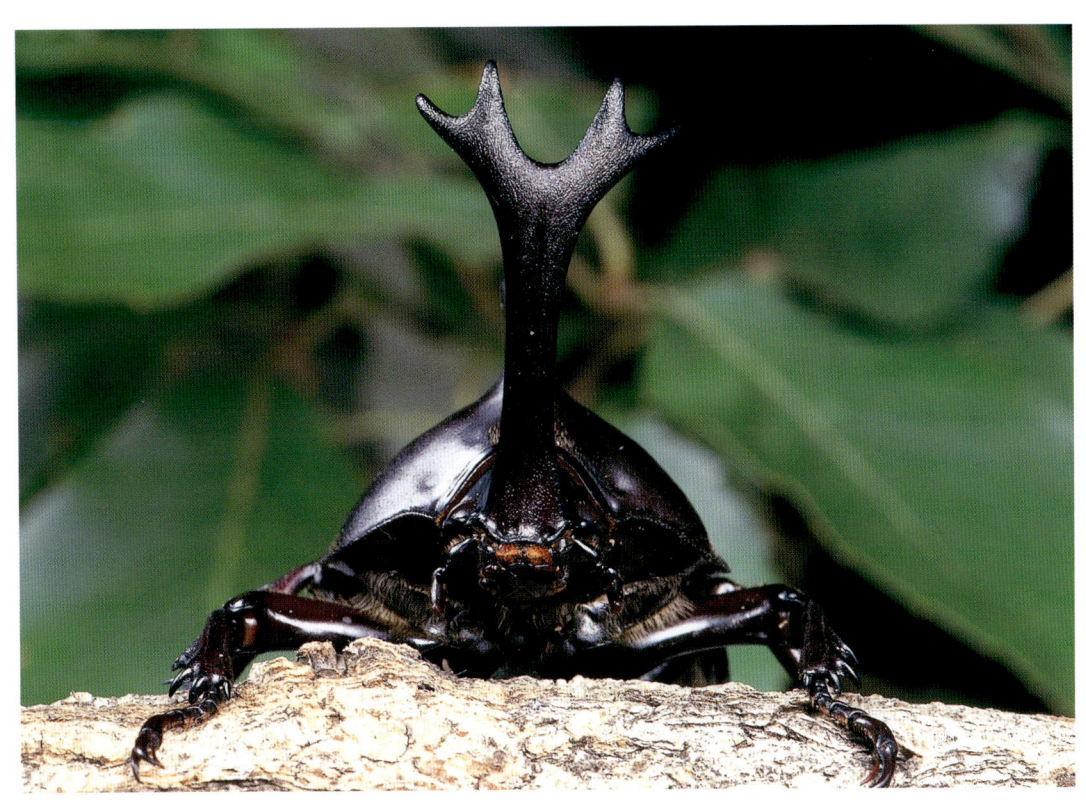

あかね書房

科学のアルバム かがやくいのち **カブトムシ** 昆虫と雑木林 もくじ

## 第1章 夏の雑木林 ——— 4

- 昼の雑木林では…… ——— 6
- 切りとられた葉の正体 ——— 8
- まるめられた葉 ——— 10
- カブトムシが飛んだ ——— 12
- カブトムシがとまったところは ——— 14
- クワガタムシがいた ——— 16
- メスがやってくると…… ——— 18
- メスをさそうカブトムシ ——— 20
- メスが卵を産んだ ——— 22
- カブトムシの死 ——— 24
- 雑木林で卵を産む虫 ——— 26

## 第2章 カブトムシの成長 ——— 28

- 皮をぬいで大きくなっていく ——— 30
- 大きく育つ ——— 32
- 冬の雑木林 ——— 34
- クワガタムシの冬ごし ——— 36
- 雑木林に春が来た ——— 38
- 雑木林の地面の下では…… ——— 40
- おとなになる ——— 42
- カブトムシ、地上へ！ ——— 44
- 樹液をさがして ——— 46

## みてみよう・やってみよう ― 48

- カブトムシをつかまえよう ― 48
- カブトムシ（幼虫）を飼う ― 50
- カブトムシ（成虫）を飼う ― 52
- カブトムシ（幼虫）の体 ― 54
- カブトムシ（成虫）の体 ― 56

## かがやくいのち図鑑 ― 58

- 日本のカブトムシ図鑑 ― 58
- 世界のカブトムシ図鑑 ― 60

さくいん ― 62
この本で使っていることばの意味 ― 63

### 海野和男

1947年、東京生まれ。東京農工大学卒業。昆虫を中心とする自然写真家。日本自然科学写真協会会長。少年時代より昆虫や自然が大好きで、学生時代よりアジアやアメリカの熱帯雨林にかよい、写真を撮りつづけてきた。1990年から長野県小諸市にアトリエをかまえ、腰をすえて身近な自然を記録している。写真集「昆虫の擬態」（平凡社）で1994年日本写真協会年度賞受賞。「蝶の飛ぶ風景 Butterflies」（平凡社）のほか、100冊以上の著書がある。

●

　カブトムシが大好きなみんな、カブトムシが身近な場所でみられるのは日本ぐらいだよ。それだけ日本の自然は豊かなんだ。自然の中でくらすカブトムシをみたことがあるかな？カブトムシが大好きなのはクヌギやヤナギの樹液が出ている場所だ。おもに夜、活動するけれど、日陰の樹液になら、昼間でもいることがあるよ。
　カブトムシの撮影でたいへんなのは、卵からふ化する場面の撮影だ。土をほって卵がみえるようにして、何日もにらめっこだ。最初はいつかえるか見当もつかなくて、何日も徹夜をした。何回か撮影するうちに、卵がかえる前の日には中の幼虫が動きだすことがわかった。それがわかればしめたものだ。みんなもカブトムシが成長するようすをみてみないかい？

### 岡島秀治

東京農業大学教授・農学部長・農学研究所長。1950年大阪生まれ。東京農業大学大学院農学研究科修了。農学博士。専門は昆虫学で、アザミウマ目の分類や天敵に関する研究を中心に、幅広く昆虫をみつめ、コウチュウ目などにも造詣が深い。100編をこえる学術論文のほか、昆虫に関する図鑑類、解説書や絵本など、啓蒙書を中心に多数の著書・監修書がある。

●

　夏の雑木林に行ってみよう！雑木林はクヌギやコナラなど、むかしからまきや炭をつくるために使ってきた落葉樹の林。田んぼや畑のまわりにあって、いろいろな植物をみることができる。そこにはカブトムシやクワガタムシをはじめ、いろいろな虫たちがすんでいる。タヌキやキツネのような動物もいる。木や草の葉の上にいる虫たち、みつをすいに花をおとずれる虫たち、木の幹にしみでた樹液にくる虫たちなど、いろいろ観察してみよう。そこは昆虫の宝庫なのだ！

# 第1章 夏の雑木林

畑のはずれの丘や低い山などには、クヌギやコナラ、サクラ、ケヤキなど、いろいろな木がはえている雑木林があります。雑木林は、まきや炭をつくるための枝や、堆肥という肥料をつくるための落ち葉をあつめる場所として、古くから人間が手入れしてきた林です。

手入れをされた雑木林には、いろいろな草や木がはえています。そして、それらを利用して、さまざまの虫たちがくらしているのです。

▲雑木林の中には、切りだして形をととのえた枝や幹（ほだ木）をならべ、シイタケなどのキノコを栽培している場所もあります。

■ 雑木林は人間がくらしている場所の近くにあり、枝を切ったり、落ち葉をどけたり、草をかったりするので、スギやブナなどの森にくらべ、林の中はすっきりとしています。

■ 昼間、樹液にあつまっている虫。オオムラサキやカナブン、アオカナブン、コクワガタなどがいます。

# 昼の雑木林では……

夏のはじめ、雑木林にいってみると、1本の木にいろいろな虫たちがとまっていました。虫たちは、木の幹のぬれたような場所に、あつまっています。

幹がぬれているのは、樹液というあまずっぱいしるが出ているからです。樹液は、カミキリムシなどが幹にあけたあなや、木にできたきずをふさぐために、木の中からしみでてきます。栄養をふくんでいて、虫たちにとっては、とてもよい食べ物なのです。

ですから、あまずっぱい樹液がしみだしている木には、オオムラサキやゴマダラチョウなどのチョウや、カナブン、スズメバチなど、さまざまな虫たちがやってきます。たくさんの虫たちが食事をしにやってくるので、「虫たちのレストラン」ともいわれます。

▲木にあなをあけて出てきたシロスジカミキリ。幼虫が木の幹の中で育ち、さなぎになり、羽化して成虫になると、幹にあなをあけて外に出てきます。

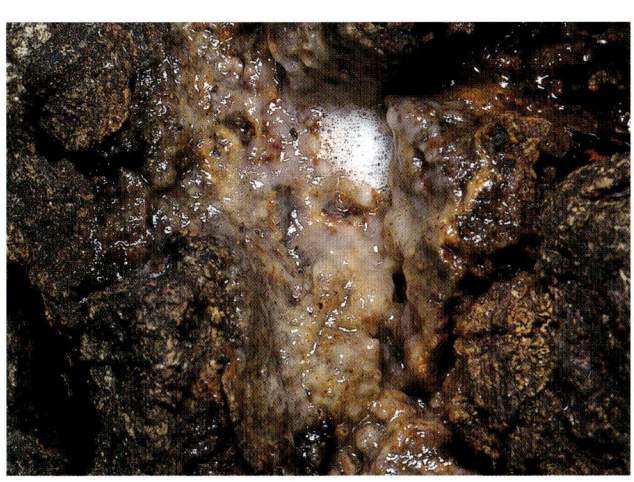
▲樹液がたくさん出ている場所では、樹液があわだっていることもあります。

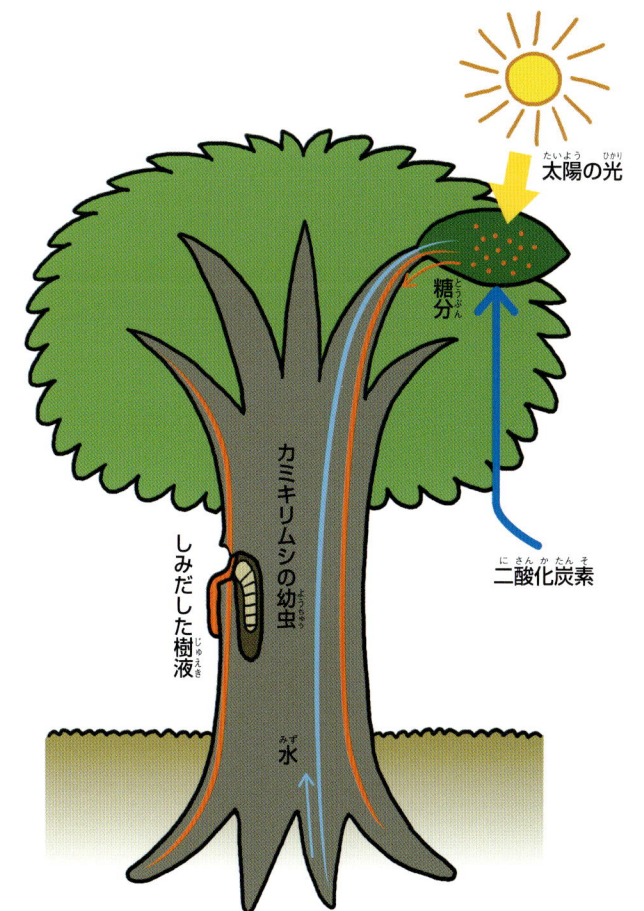
▲植物は、根からすい上げた水と空気中の二酸化炭素を利用して、葉で光合成をして糖分などをつくり、それを利用して成長します。この糖分などの栄養は、樹液として植物の体全体にはこばれます。カミキリムシの幼虫があけたあなや、きずがあると、そこから樹液がしみだします。樹液は、1年のうち夏のあいだに、もっともたくさんつくられます。

● クヌギの葉を切りとるヤマトハキリバチ。はさみで切ったように葉のへりから切りとります。

# 切りとられた葉の正体

　雑木林では樹液だけに虫たちがあつまるわけではありません。クヌギの葉をみてみると、10円玉くらいの大きさに丸く切りとられていました。これは、ハキリバチというハチが、巣の材料にするために切りとったものです。

　まわりをみると、いろいろな木の葉がいろいろな形や大きさに切りとられています。木の葉を食べ物や巣の材料として利用している虫がたくさんいるのです。どんな虫がいるのか、みてみましょう。

▲切りとったクヌギの葉を運ぶヤマトハキリバチの親。口（大あご）を使って、葉をじょうずにかみ切り、あしでかかえて、巣に運びます。

▲クロボシツツハムシの成虫。幼虫も成虫もクヌギやサクラ、クリなどの葉をたべます。

▲エサキモンキツノカメムシの成虫。幼虫も成虫もミズキの葉や実などのしるをすいます。

▲ヤスマツトビナナフシ。クヌギやサクラなど、雑木林にはえているいろいろな木の葉をたべます。

▲カギシロスジアオシャクの幼虫（矢印）。ガの幼虫で、クヌギやコナラ、クリなどの葉をたべます。

▲オオミドリシジミの幼虫。チョウの幼虫で、クヌギやコナラ、ミズナラなどの葉をたべます。

▲生まれてまもないヤママユの幼虫。ガの幼虫で、クヌギやコナラ、クリ、サクラなどの葉をたべます。

クヌギの葉でようらんをつくったアシナガオトシブミ。

## まるめられた葉

　雑木林のクヌギの葉には、虫の食べあとのほかに、ふしぎな形のものがついていることもあります。つつのようにまるめられた葉も、そのひとつです。これは、オトシブミという虫がつくったものです。

　オトシブミのなかまのメスは、夏のはじめにクヌギなどの葉をおりたたんで卵を産みつけ、葉で卵をつつみ、幼虫が育つための巣（ようらん）をつくるのです。

種類によって、ようらんを枝にそのままのこす場合と、枝から切りはなして地面に落とす場合とがあります。

　卵はようらんによって、風や雨、敵からまもられます。ようらんの中でふ化した幼虫は、自分をとりまいている葉をたべて成長し、さなぎになります。そして、成虫になると、ようらんのかべをくいやぶって外に出てきます。

**ヒメクロオトシブミのようらんづくり**
1. まず、葉のつけねの方を、太いしんをのこして横に切り、あしでしごきながらたてに2つにたたみます。
2. 先からすこし葉をまくと、葉をかんであなをあけ、そこに卵を産みます。
3. つけねにむかってあしと体で葉をまいていきます。
4. 最後に、上の部分を裏返しにして、まいた葉がほどけないようにとめます。

◀ ナミオトシブミのようらんの断面。ようらんを切ってみると、何重にもなった葉のかべの中央に卵がくるまれています。

▲ ようらんをつくるルイスアシナガオトシブミのメス。ケヤキなどの葉でようらんをつくります。成虫は1cmくらいの大きさしかありません。

▲ カエデの葉でつくられたイタヤハマキチョッキリのようらん。オトシブミに近いなかまで、葉をたてに細長くまいてようらんをつくります。

## カブトムシが飛んだ

　日がしずみ、あたりがすっかり暗くなったころ、クヌギの木の根元から、大きなカブトムシがはいだしてきました。カブトムシは、昼間は地面につもった落ち葉の中や、木の根元などにもぐりこんでねむっていて、夜になると動きはじめます。

　体が大きくてりっぱなカブトムシは、雑木林にすんでいる夏の虫の代表です。近くの木にのぼったカブトムシは、前ばねを広げ、後ろばねをはばたかせ、飛びたちました。

● 枝から飛びたつカブトムシのオス。かたい前ばねは広げたまま動かさず、後ろばねだけではばたきます。前ばねがジェット機のつばさのやくめ、後ろばねがエンジンのやくめをします。

## カブトムシがとまったところは

　雑木林の中を飛んでいたカブトムシは、1本のクヌギの木にとまりました。この木からは、樹液がたくさん出ています。

　カブトムシは、雑木林の木から出るあまずっぱい樹液が大好きです。視力があまりよくないので、飛びながらにおいで樹液がたくさん出ている木をさがします。樹液が出ている場所には、昼間とはちがう虫たちがあつまっています。夜に活動するクワガタムシやスズメガなどのガ、ヘビトンボなどが、夜の「虫たちのレストラン」のお客です。

▲クヌギの木に近づくカブトムシ。幹に体をぶつけるようにしてとまり、樹液の出ているところまで、幹の上を歩いていきます。

■ 夜、樹液にあつまっている虫。カブトムシとミヤマクワガタ、カラスヨトウ（ガ）などがいます。

# クワガタムシがいた

樹液がたくさん出ている場所には、先に大きなノコギリクワガタのオスがいました。ノコギリクワガタもカブトムシと同じように、樹液が大好きです。

樹液が出ている場所をひとりじめするために、カブトムシもノコギリクワガタも、ほかの虫をおいはらおうとします。

にらみ合ってどちらもにげようとせず、とうとう戦いがはじまりました。

カブトムシは、大きなつのを低く下げ、ノコギリクワガタの体の下にもぐりこませると、つのをふり上げて、投げとばしました。じゃま者をおいはらったカブトムシは、樹液をなめはじめました。

▲ノコギリクワガタを投げとばすカブトムシ。大きなつのを相手の体の下にさし入れ、持ち上げて前胸の上のつのとのあいだにはさみ、投げとばそうとしています。

◢クヌギの木の幹から出ている樹液をなめるカブトムシのオス。口にはブラシのような毛のたばがあって、これを樹液にひたして、すいます。

◢カブトムシと戦うノコギリクワガタ。はさみのような大あごで相手の体をはさみつけています。このまま投げとばして、ノコギリクワガタが勝つこともすくなくありません。どちらが勝つかは、そのときどきでちがいます。

■ カブトムシのオスとメス。メスには、オスのような長いつのはありません。

## メスがやってくると……

　樹液の出る場所をひとりじめにしたオスのところへ、メスがやってきました。メスが樹液の出ている場所にだんだん近づいてきますが、オスはおいはらおうとせず、じっとしています。においでメスだとわかっているからです。オスは樹液をなめながら、メスをまっていたのです。
　すると、別のオスが飛んできました。オスは、ノコギリクワガタのときと同じように、やってきたオスをおいはらおうとします。どちらのオスも同じくらいの大きさです。オス同士の戦いがはじまり、たがいに相手の体の下につのをさし入れようとしています。しばらくすると、先にいたオスが後からきたオスを持ち上げてほうりなげ、勝負がつきました。

🔺 体の大きさが大きくちがうときは、戦うことなく小さい方がにげます。

◀ にらみ合うカブトムシのオス同士。体の大きさが同じくらいの大きさのときは、戦いがはじまります。

🔺 相手を2本のつのではさみ、持ち上げて投げとばそうとしています。投げとばされた相手はにげだし、勝ちのこった方のオスが、樹液の出ている場所とメスを自分のものにします。

## メスをさそうカブトムシ

　別のオスをおいはらったオスは、メスに近づき、触角でメスにさわってにおいをたしかめると、前あしでメスの背中をたたいたりします。メスがにげるときには、メスがあきらめるまで、しつこくおいまわしつづけます。

　メスがにげまわらなくなると、オスは腹をのびちぢみさせて前ばねのふちにこすりつけ、ギーギーと音を出しながら、メスの背中にのぼります。そして、メスの体をあしでしっかりとおさえ、メスの前ばねのつけねをなめます。

　こうしてメスが動かなくなると、子孫をのこすための交尾がはじまります。

▲前あしでメスの背中をたたくオス。

■ 交尾をするカブトムシ。オスは腹先の交尾器をのばし、メスと交尾します。

# メスが卵を産んだ

夏の終わりころになると、交尾をすませたメスが卵を産みはじめます。カブトムシのメスはまず、雑木林の落ち葉があつくつもった下やくちた木の下にあるふかふかの土や、堆肥を前あしでほり、そこから中にもぐりこみます。そして、腹先から卵を産むための管（産卵管）を出し、管でふかふかの土や堆肥をおしかためてあなをつくり、そこに卵を産みます。

1ぴきのカブトムシのメスが産む卵の数は、ふつう30〜60個くらいです。メスは2〜3週間ほどかけて、1個ずつ卵を産んでいきます。

▲雑木林の中の堆肥がつんである場所。落ち葉をつみかさね、くさらせて、ふかふかの土（腐葉土）をつくっている場所です。カブトムシのメスがこのんで卵を産む場所です。

▲メスの前あしのすねの部分。シャベルのように平たくなっていて、土をほるのに適しています。

■卵を産むメス。産みたての卵は長さ3〜4mmで、楕円形です。

# カブトムシの死

卵を産み終えると、メスは体力を使いはたして、間もなく死んでしまいます。秋おそくまで生きていることもありますが、次の年まで生きてまた卵を産むことはありません。

カブトムシの寿命は1年たらずで、オスは、交尾を終えると、メスよりも早く死んでしまうのがふつうです。

寿命がくる前に死んでしまうものもいます。カブトムシは体も大きく、敵もあまりいませんが、カラスなどの鳥やタヌキなどにたべられてしまうのです。また、家の明かりにつられて飛んできてガラスにぶつかって死んだり、自動車のヘッドライトにむかって飛んでいって死んでしまったりすることもあります。

🔺 カブトムシのメスの死がい。腐葉土の中や落ち葉の下にもぐりこんで死ぬことが多く、自然の中ではあまりみつかりません。

🔺 カラスにたべられてしまったと思われるカブトムシ。オスの死がいは、かたい頭と胸の部分がたべのこされていることがおおいです。

🔺 夏の終わり、地面に落ちていたカブトムシのオスの死がい。

■ コナラのどんぐりに卵を産みつけるコナラシギゾウムシ。細長い口をドリルのように使って、どんぐりにあなをあけ、中に卵を産みつけます。卵からかえった幼虫は、どんぐりを中からたべて育ち、大きくなると外に出て、土の中でさなぎになり、成虫になります。

## 雑木林で卵を産む虫

　雑木林では、夏から秋にかけて、たくさんの虫たちが、さまざまな場所に卵を産みます。

　カブトムシのように土の中に卵を産むものもいれば、ノコギリクワガタのようにくちた木に卵を産むもの、オオムラサキのように木の葉や枝に産むもの、シロスジカミキリのように枝や幹などに卵を産むもの、コナラシギゾウムシのように木の実に卵を産むものもいます。

　雑木林は、とてもたくさんの虫たちの命を育んでいるたいせつな場所なのです。

▲卵を産むヤマトタマムシ。エノキなどのかれ木の幹の中に卵を産みます。

▲卵を産むシロスジカミキリ。クヌギやクリ、カエデなど、いろいろな木の幹の中に卵を産みます。

▲卵を産むオオムラサキ。幼虫の食べ物になるエノキの葉のうらや細い枝に卵を産みます。

▲卵を産むクヌギカメムシ。クヌギなどの幹のへこみに、ゼリーにつつまれたような卵を産みます。

▲卵を産むノコギリクワガタ。雑木林のくちた木や腐葉土の中にもぐりこんで、卵を産みます。

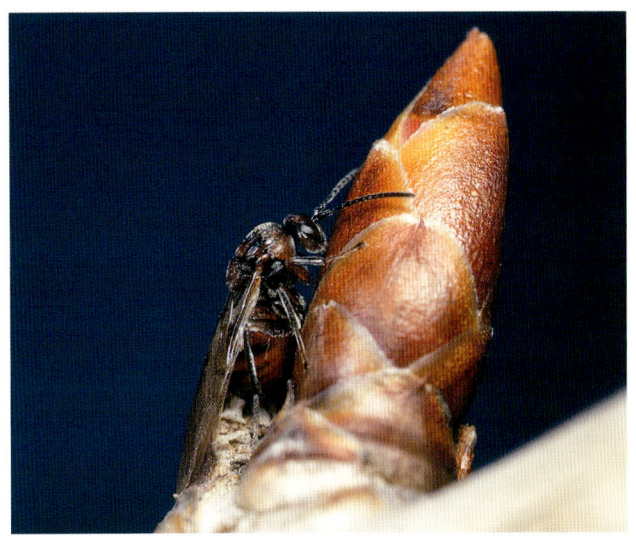

▲卵を産むタマバチの1種。クヌギの新しい芽などに卵を産みます。

27

# 第2章 カブトムシの成長

　夏の終わり、雑木林の地面の下には、たくさんの新しいいのちが育ちはじめています。ふかふかの腐葉土の中に産みつけられたカブトムシの卵は、まわりの水分をすってふくらみ、形も丸みがまします。卵の中では、幼虫の体もすっかりできあがり、からをやぶって外に出る（ふ化する）のをまっています。

　メスが卵を産んでから10日ほどすると、卵のからをやぶって、カブトムシの幼虫が生まれます。幼虫は、まだ体がとてもやわらかく、体がしっかりとして動きまわれるようになるまで、半日くらいじっとしています。そして、動きまわれるようになると、まわりの腐葉土や堆肥をたべはじめます。こうして、カブトムシたちの一生がはじまります。

▲産みたての卵（長さ3〜4㎜）と、ふ化する直前の卵。10日間で、2倍くらいの大きさになります。

■ からをやぶってふ化したカブトムシの幼虫。頭がとても大きく、まだ、大あごの先だけにしか色がついていません。大きさは8㎜ほどです。

## 皮をぬいで大きくなっていく

動きだしたカブトムシの幼虫は、頭やあしの先がかたくなり、色も茶色くなります。幼虫は、まわりの腐葉土や堆肥をしじゅうたべつづけ、たくさんのふんをします。体も、やわらかい皮につつまれた胸と腹の部分がどんどん大きくなり、1週間ほどで20ミリメートルくらいの大きさになります。

大きくなった幼虫は、頭の部分から体の皮をぬぎます。これを脱皮といいます。きつくなった皮をぬぎすて、新しい皮につつまれることで、また大きくなることができるのです。

▲生まれてから1週間ほどたったころの幼虫。かたいからにつつまれた頭はほとんど大きくなっていませんが、胸と腹の部分は大きく育っています。

■ 1回目の脱皮をするカブトムシの幼虫。頭の方から皮がやぶれ、新しい皮につつまれた幼虫が体をくねらせながら古い皮をぬいでいきます。

■ 2回脱皮した秋の幼虫。落ち葉の下にある腐葉土をたべるので、地面から20〜30cmほどの深さの場所にいます。

▲ 腐葉土をたべる幼虫。きばのような大あごと小あごを使って、腐葉土をかみくだいてたべます。

▲ ふんをする幼虫。ふんは、細菌やカビによって分解され、植物を育てる栄養にかわっていきます。

## 大きく育つ

　脱皮をした幼虫は、また腐葉土や堆肥をたべて、育っていきます。体が大きくなった分、たべる量もふえ、成長も早まります。そして1回目の脱皮から2週間ほどたつころ、2回目の脱皮をします。このころには、体は4～5センチメートルほどになっています。

　いろいろな草や木の実がじゅくす秋、地面の下ではカブトムシの幼虫がどんどん育っていきます。自分のまわりがふんでいっぱいになると、体をくねらせて移動し、どんどん腐葉土や堆肥をたべ、冬になるまでにはまるまると太って、8センチメートルほどにもなります。

　こうして栄養をつけた幼虫は、もう脱皮をすることはありません。

◀ 幼虫の大きさの変化。上の左から卵、生まれたばかりの幼虫、1回脱皮した幼虫、下が2回脱皮して大きく育った幼虫です。じゅうぶんに育つと、体長は生まれたときの10倍、体重は1000倍にもなります。

🔵 冬の雑木林。秋に葉が赤や黄色になって落ちる木がたくさんあり、冬は林の中まで日があたります。

## 冬の雑木林

　冬、雑木林の木の葉はすっかり落ちてしまいました。カブトムシの幼虫は、すこし深い場所にもぐって冬をこしています。ほかにも、いろいろな虫が冬をこしています。卵で冬をこすもの、幼虫やさなぎ、成虫で冬をこすものなど、種類によって冬をこす形はいろいろです。

　たいていのものは、動かずにじっと寒さにたえていますが、なかにはフユシャクというガのように、冬の寒さの中でも元気に動きまわっているものもいます。

🔺 冬をこすカブトムシの幼虫。地面の下はこおるほど寒くはありませんが、真冬にはあまり動かず、じっとしています。

▲冬のカメノコテントウ。成虫が木の皮のすきまなどにあつまって冬をこします。

▲オオムラサキの幼虫（矢印）。落ち葉のうらなどにかくれて、じっとしたまま冬をこします。

▲キイロスズメバチ。新しい女王が、かれ木のわれめなどにもぐりこんで、冬をこします。

▲ウスタビガの卵。秋に成虫が羽化し、さなぎのときに入っていた緑色のまゆに卵（矢印）を産みます。

▲ジャコウアゲハのさなぎ。木の枝や建物のかべなどに糸で体を固定し、冬をこします。

▲ヤママユ（ガ）の卵。秋に木の枝に産みつけられた卵で、冬をこします。

## クワガタムシの冬ごし

　カブトムシは、成虫が秋に死んでしまい、卵から生まれて育った幼虫が土の中で冬をこします。ノコギリクワガタなどのクワガタムシも、ふつうはカブトムシと同じように、幼虫で冬をこします。

　冬をこした幼虫は、夏のはじめごろ、さなぎになります。そして、さなぎから夏から秋のはじめごろ成虫（新成虫）になりますが、そのままさなぎの部屋から外に出ずに、冬をこします。新成虫は、次の夏にさなぎの部屋から外に出ます。なかには、幼虫のまま2回冬をこすものもいます。

　また、成虫の寿命が長いオオクワガタやヒラタクワガタでは、幼虫と新成虫のほか、外に出て活動した成虫が木のわれめなどにもぐって、ふたたび冬をこすものもいます。

▲くちた木の中で冬をこすコクワガタの幼虫。じっと動かずに冬をこします。

◀コクワガタの新成虫。秋にさなぎの部屋で成虫になり、次の夏まで、そのままごすします。

● 冬ごしするオオクワガタの成虫。外に出て活動した成虫は、秋の終わりに木のあななどにもぐりこんで冬をこします。

■春になってエノキの幹をのぼるオオムラサキの幼虫。

## 雑木林に春が来た

　春になって気温が上がると、雑木林ではヤマザクラの花がさき、エノキの新しい葉が芽ぶきはじめます。地面では、落ち葉のうらでじっとしていたオオムラサキの幼虫が動きはじめました。

　冬のあいだ、何もたべずにじっとしていた幼虫たちは、エノキの木にのぼり、葉をたべはじめます。そして何日かすると、脱皮をして緑色の幼虫になります。幼虫はしげったエノキの葉をたべて、どんどん大きくなり、もう一度脱皮します。そして5月の中ごろ、葉の上で動かなくなります。幼虫は葉や枝に糸をはきかけて足場をつくり、さなぎになります。

　2週間ほどすると、さなぎのからがわれ、オオムラサキの成虫があらわれます。そしてはねがのびてかわくと、樹液をさがし、初夏の雑木林を飛びまわります。ほかの虫たちも成虫になり、雑木林はとてもにぎやかになってきます。

🔺 4回目の脱皮をする幼虫。脱皮をすると茶色の幼虫から緑色の幼虫にかわります。

🔺 5回目の脱皮を終えた幼虫。最後は5.5cmくらいの大きさになります。

🔺 オオムラサキのさなぎ。はじめは緑色ですが、だんだんすきとおって、中がみえてきます。

🔺 さなぎのからから出て、はねをのばすオオムラサキのオスの成虫。

🔺 はねを広げて葉にとまっているオオムラサキのオスの成虫。飛ぶときはあまりはばたかず、空中をすべるように飛びます。

39

雑木林の地面をほって、さなぎの部屋にいる幼虫をみえるようにしたところ。

## 雑木林の地面の下では……

　オオムラサキがさなぎになるころ、雑木林の地面の下でも、カブトムシがさなぎになります。

　さなぎになる前に、幼虫はまず、腐葉土の下にあるすこしかたい土までもぐります。そして、円をえがくように体を動かしてあなをほり、楕円形の部屋をつくります。そして、部屋のかべを口から出したべとべとした液でぬりかためます。

　部屋ができると、幼虫はそこで体をまるめ、動かなくなります。そして2週間ほどたつと、皮をぬいでさなぎになるのです。さなぎの体ははじめはクリーム色ですが、だんだん茶色くなります。

1

🔺 べとべとしたこげ茶色の液を口からはいて、部屋のかべをぬりかためます。

2

🔺 2週間ほどじっとしているあいだに、体の中でさなぎになる準備が進みます。

3

🔺 体をおおっていた皮がさけて、さなぎの体があらわれはじめます。

4

🔺 体をふるわせながら、すこしずつ皮をぬいでいきます。

5

🔺 ほとんど皮をぬぎおわりました。ここまで15分ほどかかりました。

6

🔺 すっかり皮をぬいで、頭のつのの部分ものびていきます。

🔺 オスのさなぎの顔。オスのさなぎには、成虫と同じように、頭の先につのがあります。

🔺 メスのさなぎの顔。メスのさなぎには、オスとはちがって頭の先につのがありません。

# おとなになる

　カブトムシがさなぎになって、3週間がたちました。季節はすっかり夏になっています。さなぎの中ではすでに成虫の体ができあがり、からの外側からあしやはねもみえています。

　さなぎのからの中の成虫が頭を動かし、頭の部分のからがやぶれました。そして、あしもガサゴソと動かしはじめます。体を動かしながらからをぬぎ、だんだん成虫の体があらわれてきます。

　すっかりからをぬいであらわれた成虫は、頭やあしは茶色ですが、前ばねはまだまっ白です。数時間すると前ばねも茶色くなりますが、体がじゅうぶんかたくなるまで、3日～4日間、さなぎの部屋にそのままいます。

▲頭とあしを動かして、さなぎのからをやぶるオスのカブトムシ。

▲さなぎの部屋にいるさなぎ。さなぎは、つのや眼、あしや口など、成虫の体の形がすでにととのっています。

▲さなぎのからをぬぎ終えると、ちぢんでいた後ろばねをのばします。

▲ 白い前ばねがあらわれました。つのやあしにはまだからがかぶっています。

▲ 腹を動かしながら、さなぎのからから、体をひきぬいていきます。

▲ 後ろばねがのび、かわいてかたくなると、後ろばねをたたんで前ばねの下にしまいます。

▲ 前ばねの色も茶色くなりました。体がじゅうぶんかたくなるまで、このままじっとしています。

## カブトムシ、地上へ！

　夏の夜、体がすっかりかたくなったカブトムシは、さなぎの部屋を出て、土をほって、落ち葉をかきわけて地上に出てきます。地上にあらわれたばかりの成虫は、まだ体もつやつやしています。

　カブトムシは近くにある木にのぼり、樹液の出ている木をさがすために飛びたつ準備をします。こうして、カブトムシの地上での生活がはじまるのです。

　これから1か月半ほどのあいだに、樹液をなめて栄養をとり、オスとメスが出会って交尾をし、子孫をのこすのです。

▲土をほり、落ち葉をかきわけて地上にあらわれたカブトムシのオス。地上に出てくるのは、夜のあいだで、昼間に出てくることはあまりないようです。

● クヌギの木の幹をのぼっていくオスのカブトムシ。

■ 樹液の出ている木をさがすために飛びたったカブトムシ。

## 樹液をさがして

　クヌギの木にのぼったカブトムシは、後ろばねを大きく広げ、夜の雑木林に飛びたっていきます。おいしい樹液が出ている場所をみつけ、うまくその場所を自分のものにできるでしょうか。
　夏の雑木林では、食べ物をえて子孫をのこすために、いろいろな生き物が活動しています。そのなかでカブトムシたちも、夏のあいだ、いっしょうけんめいにくらしていくのです。

みてみよう やってみよう

# カブトムシをつかまえよう

▲雑木林の中にあるシイタケを栽培していた木をつんである場所。木をどかした下の土（円内）では幼虫がよくみつかります。

　カブトムシは、雑木林にすんでいます。成虫が活動するのは夜ですが、昼間でもさがすことはできます。シイタケを栽培していた木がおいてある場所をさがしてみましょう。木をどかして下をさがすと、かくれて休んでいる成虫や、幼虫をみつけることができます。

　雑木林では、カブトムシをさがしてもよい場所かどうかを、かならずたしかめましょう。また、さがしたあとは、かならず木をもとにもどしましょう。

▲成虫は胸の部分を上から手でもち、ケースに入れてもちかえりましょう。

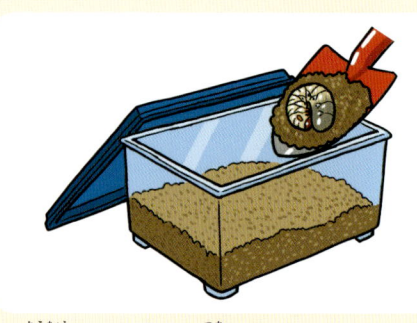

▲幼虫は、まわりの土ごとスコップですくって、ケースに入れてもちかえりましょう。

昼間に樹液が出ている木をさがしておき、夜か朝早く、その場所に行ってみましょう。樹液にあつまってきた成虫がみつかるかもしれません。樹液がないときは、わなをしかけましょう。

雑木林の近くにある自動販売機のまわりや街灯の下で、明かりにあつまってきた成虫がみつかることもあります。

▲ 樹液がたくさん出ている木。

## カブトムシをさがしにいくときは……

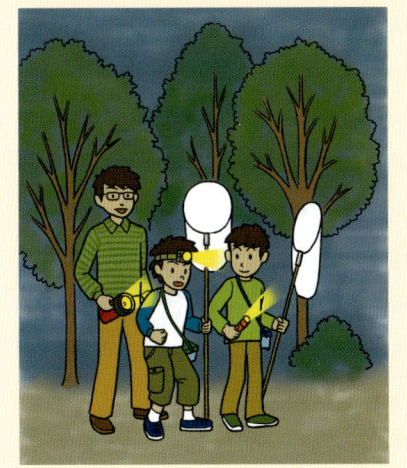

※雑木林では、スズメバチなど危険な生き物にじゅうぶん注意しましょう。

▲ 雑木林には、子どもだけで行かず、かならずおとなの人と行きましょう。

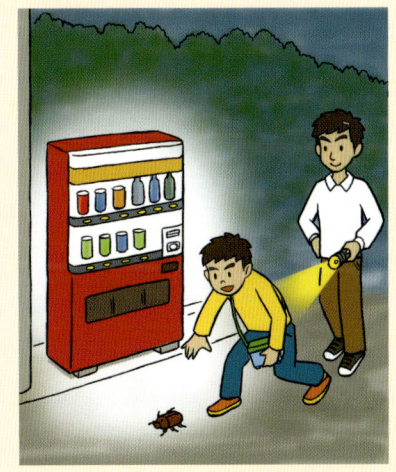

▲ 雑木林の近くの自動販売機のまわりを、よくさがしてみましょう。

▲ 雑木林の近くの街灯の下やまわりを、よくさがしてみましょう。

▲ 昼間、木にじゅくしたバナナの実をこすりつけておき、夜か朝早くにその場所に行ってみましょう。

▲ 昼間、あみに入れたパイナップルを木にぶら下げておき、夜や朝早くにその場所に行ってみましょう。

## みてみよう やってみよう
# カブトムシ（幼虫）を飼う

カブトムシの幼虫をみつけたら、飼育ケースで飼ってみましょう。飼っていたカブトムシが産んだ卵からかえった幼虫も、飼いましょう。じょうずに飼えば、つぎの夏のはじめには、成虫になります。

飼いながら、幼虫が育っていくようすや、さなぎになり、成虫になるようすが観察できます。

もしもとちゅうで飼えなくなったときには、みつけた場所にもどしてあげてください。

長い方のはば30cmほどの飼育ケースで、3〜4ひきくらい飼いましょう。飼育ケースは、風通しがよく、雨や日がじかにあたらない場所におきましょう。昆虫マットがかわきすぎないように、ときどききりふきで、しめりけをあたえましょう。

△飼育ケースに、水でしめらせた新しい昆虫マットを深さ10cmくらいしきます。板や手などでかるくおしかため、5cmほどのあつさにしたら、さらに新しい昆虫マットをふかさ10cmほど入れます。そこに、スプーンで幼虫をすくって、昆虫マットの表面においてやりましょう。

下にすこしかためた昆虫マット（カブトムシ・クワガタムシ用）を5㎝ほど、その上にふかふかの昆虫マットを10㎝ほどのあつさでしきます。

▲幼虫が大きく育って、まわりにふんがふえてきたら、飼育ケースの中をすべて新しい昆虫マットにとりかえてやりましょう。

▲春をすぎて、幼虫がさなぎの部屋をつくりだしたら、ケースを動かしたり、ゆらしたりしないように気をつけましょう。昆虫マットがかわきすぎないように、ときどききりふきで、しめりけをあたえましょう。

▲夏のはじめになったら、成虫が出てきていないか、毎日チェックしましょう。ふたもしっかりしめましょう。成虫が出てきたときは、別の飼育ケースにうつして飼いましょう。

## みてみよう やってみよう
# カブトムシ（成虫）を飼う

　カブトムシの成虫をつかまえたら、何びきかもち帰って、教室や自分の家で飼ってみましょう。

　飼育して、カブトムシの体のしくみや、動き方、くらし方などを調べてみましょう。オスとメスで飼えば、卵を産むかもしれません。

　うまく飼えないときは、庭や校庭などにはなさず、かならずつかまえた場所にもどしてあげてください。

長い方のはば45〜60cmほどの飼育ケースで、オス1ぴきとメス2ひきくらいずつ飼いましょう。オス同士はけんかをするので、オスを何びきか飼うときは、別の飼育ケースを用意しましょう。1ぴきだけ飼うときは、長い方のはば30cmほどの飼育ケースでも飼うことができます。

とまり木。ほかの虫がついておらず、ダニなどもいないので、ペットショップでカブトムシ用に売られているものを利用しましょう。

昆虫ゼリー。ゼリーをケースごとセットするとまり木も売られています。

▲自然の中では樹液をなめますが、飼育するときは、昆虫ゼリーや果物をえさとしてあたえましょう。果物は、バナナやリンゴ、パイナップルなどを小さく切って、皿などにのせてあたえます。スイカはくさりやすいので、あたえないようにしましょう。

飼育ケースは、風通しがよく、雨や日がじかにあたらない場所におきましょう。カブトムシは力が強いので、ふたをしっかりとしめましょう。太い輪ゴムでとめたり、ビニールテープなどでとめておくと、安心です。

▲ 昆虫マットがかわきすぎないように、きりふきを使って、ときどき昆虫マットにしめりけをあたえましょう。

果物を入れる容器。小皿や小さなビンなどを使い、果物は毎日とりかえましょう。

▲ 飼っていたカブトムシがすべて死んでしまったら、新聞紙の上に昆虫マットを広げて、卵や幼虫がいないか、スプーンでそっとさがします。

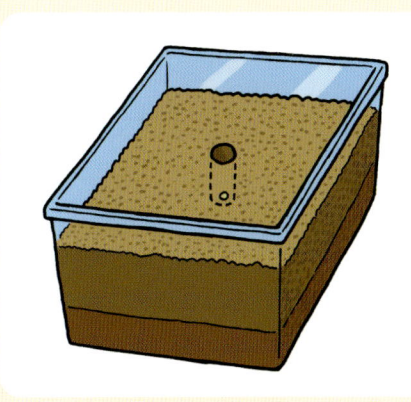

しめらせた新しい昆虫マット（カブトムシ・クワガタムシ用）を10cmほどのあつさにしきます。

▲ 卵や幼虫がいたら、51ページのように飼育ケースをセットします。卵は、5cmほどあなをほって、中に入れ、かるく土をかぶせましょう。

53

みてみよう やってみよう

# カブトムシ（幼虫）の体

　カブトムシの幼虫は、小さいうちはルーペを使わないと観察しづらいですが、大きくなった幼虫は肉眼でもじゅうぶんに観察できます。

　幼虫の体は、頭部と胸部、腹部からできていて、頭部はかたいからにおおわれています。胸部は3つの節からできていて、それぞれの節に2本（1対）ずつ、合計6本のあしがあります。やわらかい皮につつまれている腹部には、あしはありません。体中に細かい毛があり、これでまわりのようすを感じとります。

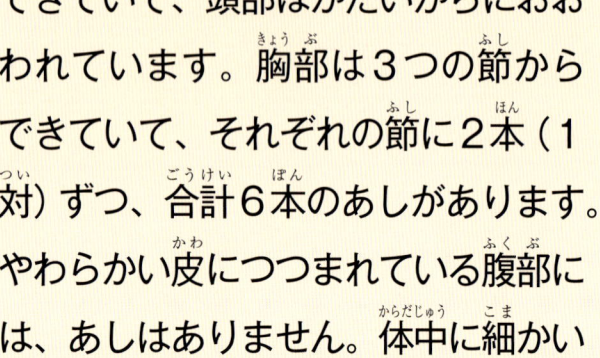

▲頭部には、触角と大あご、小あごがあります。眼はありません。

ふ化間近の卵 → ふ化直後の幼虫 → 1回脱皮した幼虫 → 2回脱皮した幼虫

▲卵からかえったときは8mmほどですが、数か月のあいだに2回脱皮をして、80mmほどにまで成長します。

▲胸部に1対（左右1個ずつ）、腹部に8対の呼吸をするためのあな（気門）があります。赤茶色で、よく目立ちます。

カブトムシのさなぎは、ほとんど成虫と同じような形をしています。触角や口、はねになる部分はふくろにつつまれたような形ですが、あしやつのなどは、ほぼ成虫と同じ形です。

カブトムシの成虫の体の大きさは、さなぎのときにすでにきまってしまいます。

▲ゴマダラチョウのさなぎ。カブトムシのさなぎとちがい、成虫のチョウの形とは大きくちがっています。

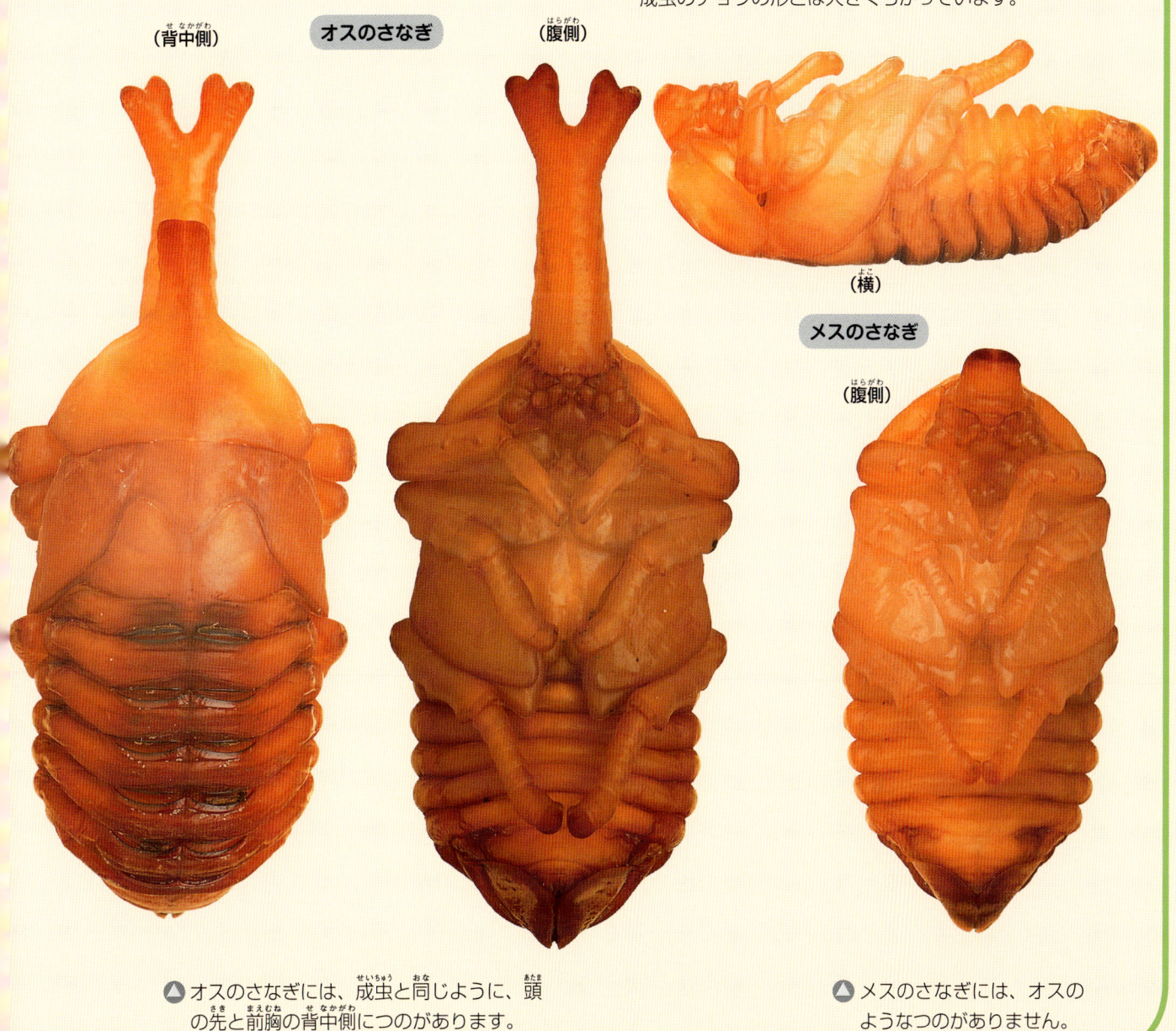

（背中側）　オスのさなぎ　（腹側）

（横）

メスのさなぎ

（腹側）

▲オスのさなぎには、成虫と同じように、頭の先と前胸の背中側につのがあります。

▲メスのさなぎには、オスのようなつのがありません。

## みてみよう やってみよう
# カブトムシ（成虫）の体

　カブトムシの成虫の体は、かたいから（外骨格）につつまれています。体の中に骨はなく、外骨格で体をささえ、守っています。

　体は頭部と胸部、腹部の3つの部分に分かれています。胸部には6本（3対）のあしと、4枚（2対）のはねがあります。

▲口にはブラシのような毛のたばがあり、これを樹液にひたして、食事をします。眼はたくさんの小さな眼（個眼）があつまった複眼になっています。

◀体の左右の側面には、幼虫と同じように9個ずつ気門がならんでいます。

頭部のつの
前あし
触角
前胸のつの
眼（複眼）
中あし
後ろあし

頭部

胸部

前ばね

後ろばね

腹部

▲オスには、頭部の先に長いつの、前胸の背中側に短いつのがあります。

▲メスには、眼のあいだにわずかなでっぱりがあり、前胸の背中側にはつのがありません。

▲触角の先は3枚の板のようになっていて、においをかぐときには、これを広げます。

▶樹液をなめたあと、おしっこをして、よぶんな水分をすてます。

▲あしの先には、2つに分かれたするどいつめがあり、これで木などにしっかりとつかまることができます。

▲メスの前あしのすねは、はばが広く、シャベルのようになっていて（左の写真）、卵を産むときに、これを使って土をほって、もぐります。

57

かがやくいのち図鑑
# 日本のカブトムシ図鑑

日本には、カブトムシのほかに5種のカブトムシがすんでいます。カブトムシとコカブト以外は、南の暖かい地域でみられます。

🔺 カブトムシのオスは、幼虫のときに栄養をどれだけとって育ったかによって、体やつのの大きさが大きくちがってきます。また、体の色なども、1ぴきずつちがいます。

オス　　　オス（横）

**サイカブト**　オス：全長33〜53㎜・メス：全長30〜45㎜
奄美大島から八重山諸島でみられます。サトウキビやヤシ、パイナップルの茎にあなをあけて、たべます。頭の先に短いつのがあり、前胸にへこみがあります。もともとは東南アジアにすんでいたカブトムシで、ハワイやインドにも広がっています。タイワンカブトともよばれます。沖縄県の南大東島にはサイカブトににたヒサマツサイカブトがいます。

▲サイカブトのオス。

オス　　　オス（横）

**コカブト**　全長18〜24㎜
日本各地の雑木林などにすんでいます。頭部に小さなつのがあります。ほかの昆虫の幼虫や死がいなどをたべます。日本以外では、シベリア東部から朝鮮半島、中国、台湾などでみられます。八丈島や奄美大島などにいるものはアマミコカブト、沖縄諸島や八重山諸島のものはオキナワコカブトとよばれています。

▲くちた木の中にいたコカブト。

**クロマルカブト**　全長12〜16㎜
鹿児島県のトカラ列島から沖縄県の粟国島にすんでいます。つのがなく、クロマルコガネとよばれることもあります。日本以外では、台湾やフィリピンでみられます。トカラ列島の中之島には、タイワンクロマルカブト、ツヤクロマルカブトともよばれるホリシャクロマルカブトがいます。

オス

**カブトムシ**　オス：全長27〜75㎜・メス：全長35〜48㎜
日本各地の雑木林などにすんでいます。オスの体の色や大きさ、つのの大きさや形が、幼虫のときの栄養やまわりの温度によって、さまざまにかわります。日本以外では、東アジアや東南アジア、インドまでの広い地域でみることができます。

オス　　　メス

59

かがやくいのち図鑑
# 世界のカブトムシ図鑑

世界には1600種ほどのカブトムシがいます。体の大きさや色、つのの形など、いろいろなものがいます。

**ヘルクレスオオカブト**
全長45〜180mm
メキシコから南アメリカ中部

**パンサイカブト**
全長35〜90mm
南アメリカ北部から中部

**ギアスゾウカブト**
全長58〜120mm
ブラジル

**マルスゾウカブト**
全長65〜120mm
南アメリカ北部から中部

**グラントオオカブト**
全長35〜70mm
アメリカ合衆国南西部
グラントシロカブトともいいます。

**ノコギリタテヅノカブト**
全長40〜84mm
南アメリカ北部

**アトラスオオカブト**
全長50〜110mm
インド北東部から東南アジア

**コーカサスオオカブト**
全長45〜180mm
インド北東部からマレー半島、インドネシア

**パプアサンボンヅノカブト**
全長40〜65mm
ニューギニア島

**オオツノコブサイカブト**
全長35〜65mm
マレー半島、スマトラ島、カリマンタン島

**ゴホンヅノカブト**
全長45〜80mm
インド北東部から東南アジア、中国南部

**オウサマサイカブト**
全長55〜80mm
アフリカ中部、マダガスカル

**セスジタカネパプアカブト**
全長35〜36mm
ニューギニア島

# さくいん

## あ

- アオカナブン ……… 6
- アシナガオトシブミ ……… 10
- アトラスオオカブト ……… 61
- アマミコカブト ……… 59
- イタヤハマキチョッキリ ……… 11
- 羽化(うか) ……… 63
- ウスタビガ ……… 35
- エサキモンキツノカメムシ ……… 9
- オウサマサイカブト ……… 61
- オオクワガタ ……… 36,37
- オオツノコブサイカブト ……… 61
- オオミドリシジミ ……… 9
- オオムラサキ ……… 6,7,26,27,35,38,39
- オキナワコカブト ……… 59
- オトシブミ ……… 10,11

## か

- カギシロスジアオシャク ……… 9
- カナブン ……… 6,7
- カミキリムシ ……… 7
- カメノコテントウ ……… 35
- カラスヨトウ ……… 15
- ギアスゾウカブト ……… 60
- キイロスズメバチ ……… 35
- 気門(きもん) ……… 54,56,63
- クヌギカメムシ ……… 27
- グラントオオカブト（グラントシロカブト）……… 60
- クロボシツツハムシ ……… 9
- クロマルカブト ……… 59
- クロマルコガネ ……… 59
- 交尾(こうび) ……… 20,21,22,24,44
- コーカサスオオカブト ……… 61
- コカブト ……… 59
- コクワガタ ……… 6,36
- コナラシギゾウムシ ……… 26
- ゴホンヅノカブト ……… 61
- ゴマダラチョウ ……… 7,55
- 昆虫(こんちゅう)ゼリー ……… 52
- 昆虫(こんちゅう)マット ……… 50,51,53

## さ

- サイカブト ……… 59
- さなぎ ……… 35,38,39,40,41,42,43,44,50,51,55,63
- 樹液(じゅえき) ……… 6,7,14,15,16,17,18,19,38,44,47,49,63
- ジャコウアゲハ ……… 35
- シロスジカミキリ ……… 7,27
- セスジタカネパプアカブト ……… 61

## た

- 堆肥(たいひ) ……… 4,22,28,30,33
- タイワンクロマルカブト ……… 59
- 脱皮(だっぴ) ……… 30,31,32,33,38,39,54,63
- タマバチの1種(しゅ) ……… 27
- ツヤクロマルカブト ……… 59
- ノコギリクワガタ ……… 16,17,18,26,27,36
- ノコギリタテヅノカブト ……… 60

## は

- ハキリバチ ……… 8
- パプアサンボンヅノカブト ……… 61
- パンサイカブト ……… 60
- ヒサマツサイカブト ……… 59
- ヒラタクワガタ ……… 36
- ヒメクロオトシブミ ……… 11
- ふ化(か) ……… 28,29
- フユシャク ……… 34
- 腐葉土(ふようど) ……… 22,24,27,28,30,32,33,40,63
- ヘルクレスオオカブト ……… 60
- ホリシャクロマルカブト ……… 59
- マルスゾウカブト ……… 60
- ミヤマクワガタ ……… 15

## や

- ヤスマツトビナナフシ ……… 9
- ヤマトタマムシ ……… 27
- ヤマトハキリバチ ……… 8
- ヤママユ ……… 9,35
- ルイスアシナガオトシブミ ……… 11

# この本で使っていることばの意味

**羽化** 昆虫が成虫になること。カブトムシやクワガタムシ、チョウやガ、ハチやアブなどでは、さなぎのからから成虫が出てくることをいいます。セミやカメムシ、トンボ、バッタなど、さなぎの時期がない昆虫では、最後の脱皮を終えた幼虫（終齢幼虫）から成虫が出てくることをいいます。

**大あご** 昆虫やクモ、ダンゴムシ、エビやカニ、ムカデやヤスデなどの口にある、きばのような器官。もともとはあしであった部分から発達した器官なので、左右で1対になっています。食物をかじるほか、敵をこうげきするためにつかわれることもあります。

**外骨格** 昆虫やクモ、ダンゴムシ、エビやカニ、ムカデやヤスデ、ウニやヒトデなどの体の外側をおおっているかたくなった皮膚のこと。これらの生物には、ヒトや哺乳動物、鳥、ヘビやトカゲ、カエルや魚などとちがい、体の内部に骨がないので、外骨格が体をささえるやくわりをします。カブトムシやクワガタムシ、テントウムシなどは、チョウやハチ、セミ、バッタなどにくらべて外骨格がかたく、前ばねも甲らのようになって背中をおおっているので、甲虫とよばれます。

**気門** 昆虫の胸部や腹部にある呼吸をするために気体を出し入れする器官。昆虫には人間のような肺はなく、呼吸に必要な酸素は、気門から体の中に通じている気管・気管小枝という管によって、体中の細胞に運ばれます。ぎゃくに細胞が呼吸することでできた二酸化炭素は、気管小枝・気管を通り、気門から体外に排出されます。

**さなぎ** カブトムシやクワガタムシ、チョウやガ、ハチやアブなどの昆虫でみられる、幼虫から成虫になるあいだにみられる状態。これらの昆虫では、幼虫と成虫の体の形やしくみが大きくちがっています。ですから、いったん幼虫の体をこわし、成虫の体につくりかえる必要があります。さなぎは、成虫の体を入れるための型のようなもので、どろどろになった幼虫の体がその型に入れられ、そこに成虫の体がつくられていきます。さなぎの期間に衝撃や振動を受けると、成虫の体をつくるしくみがくるってしまい、成虫になれないことがあります。

**樹液** 木の樹皮がきずついたときに、木の内部からしみだしてくる液体。きずの部分を保護するやくわりがあります。クヌギやコナラ、カエデなどの樹液には、糖分などの栄養が多くふくまれているため、昆虫にとって重要な食料になっています。ゴムをつくる原料となるパラゴムノキやアラビアゴムノキの乳液や、うるしの原料になるウルシ科の植物の乳液、マツから出るまつやになどの樹脂も樹液の一種です。

**雑木林** クヌギやコナラなどさまざまな広葉樹からなる林。原生林に人間が手をくわえたりしてできたもので、山奥ではなく、人間がすんでいる場所の近くにあります。古くからまきや炭の原料や、肥料にするための落ち葉をとるためなどに利用され、手入れされてきました。

**脱皮** 外骨格をもつ動物が、成長するために全身の古いからをぬぎすて、新しいからを身にまとうようになること。古いからの下にできた新しいからは、最初はやわらかいので、脱皮をした直後にのびて、体が大きくなることができます。昆虫は幼虫のときに数回脱皮をし、成虫になると脱皮しなくなります。カブトムシは、幼虫のときに2回脱皮をして、そのつぎの脱皮ではさなぎになります。

**ふ化** 卵がかえって、幼虫や子が出てくること。カブトムシではメスが産んだ卵は、10日から2週間ほどでふ化します。

**腐葉土（腐植土）** 落ち葉やかれ枝、くち木などがつみかさなったものが、生物のはたらきでくさったり、細かくなったりして、土のようになったもの。カブトムシの幼虫をはじめ、いろいろな昆虫の幼虫やダンゴムシの食べ物になっています。また、土に栄養をあたえる天然の肥料のやくわりや、土をかたくなりにくくするやくわりももっています。

**蛹化** 最後の脱皮を終えた幼虫（終齢幼虫）が脱皮をしてさなぎになること。幼虫からさなぎになる直前には、幼虫がじっとしてほとんど動かなくなる状態になります。幼虫の体の中でさなぎになるための準備がおこなわれるためです。このような状態の幼虫を前蛹といいます。前蛹が脱皮をすると、さなぎになります。

NDC 486
海野和男
科学のアルバム・かがやくいのち 1
カブトムシ
昆虫と雑木林

あかね書房 2020
64P 29cm × 22cm

- ■監修　　岡島秀治（東京農業大学農学部教授）
- ■写真　　海野和男
- ■文　　　大木邦彦（企画室トリトン）
- ■編集協力　企画室トリトン（大木邦彦・堤 雅子）
- ■写真協力　アマナイメージズ
- ■イラスト　小堀文彦
- ■デザイン　イシクラ事務所（石倉昌樹・隈部瑠依）
- ■参考文献
  - ・阿部広明, 藤井告, 佐藤俊幸, 岩淵喜久男, 小原嘉明（2006）. カブトムシの雌に引き起こされる雄の交尾行動（一般講演）. 日本応用動物昆虫学会大会講演要旨, 50, 147.
  - ・神谷一男,（1931）. カブトムシ（Xylotrupes dichotomus LINNE.）の幼蟲及び蛹に就いて. 昆蟲, 5(2), 69-73.
  - ・前河正昭（2005）. 里山における樹液食甲虫類の移動実態—長野県信濃町アファンの森の事例. 信州大学教育学部附属志賀自然教育研究施設研究業績, 42, 13-16.
  - ・『ニューワイド学研の図鑑 カブトムシ・クワガタムシ（増補改訂版）』（2008）, 岡島秀治監修, 学習研究社.

科学のアルバム・かがやくいのち 1
**カブトムシ** 昆虫と雑木林

2010年3月初版　2020年12月第5刷

著者　　海野和男
発行者　岡本光晴
発行所　株式会社　あかね書房
　　　　〒101-0065　東京都千代田区西神田3-2-1
　　　　03-3263-0641（営業）　03-3263-0644（編集）
　　　　https://www.akaneshobo.co.jp
印刷所　株式会社 精興社
製本所　株式会社 難波製本

©Nature Production, Kunihiko Ohki.2010　Printed in Japan
ISBN978-4-251-06701-2
定価は裏表紙に表示してあります。
落丁本, 乱丁本はおとりかえいたします。